てのひら絵本

私の動物図鑑

著 ● 津田直美

中央公論新社

私の動物図鑑

ある日、キリンに触らせてもらえるチャンスに恵まれた。
近くで見るキリンは、私が思っていたのよりも何倍も大きかった。脚の下を立って歩けそうなほど。
「馬の大きいのくらい」という認識が"生き残った恐竜じゃないか?"というものに変わった。
ちょっと恐かった。
でも大きなひとみは、吸い込まれるように優しかった。
思い切って手をのばす。
大きなどら焼きのような鼻の下にそっと触れると、あまりの優しい手触りに気持ちまでがとろけそうだ。これほどまでに幸せな手触りがこの世にあったなんて!

私はそのビロードのように柔らかな部分を「キリンのまふまふ」と名付けた。

キリンはとてもとてもデリケートなので、おどかしたり触ったりしてはいけません。

ごめんねキリンさん
ありがとう

幸せのキリンのまふまふ
は、このあたり

こんなにやわらかくて暖かくて幸せな手触り。
他に同じようなものが思い浮かばない

人間の首の骨は7本
キリンは何本でしょう?
答えは7本
こんなに長いのに人間と同じ数

おそらく私には二度と「キリンのまふまふ」に触れるチャンスはないだろうけれど、それを思い起こすだけで、未だにあの時の幸せな気持ちがよみがえって、なぜか自分まで優しい人間になったような気分になる。
生き物ってそういうものだ。
言葉では決して語りかけてはくれないけれど、いつもたくさんの幸せや感動を惜しみ無く与えてくれる。

私はただの絵かきなので、動物についてなにか知っているわけではない。
だからここには、ただ私の身の回りにあった生き物とのできごとを描かせていただいただけなのだが、願わくば、私の感じた幸せのほんの一部分でも、あなたの経験とだぶらせて、
「ああ、そうそう!」と、ひととき和んでいただけたらと思う。

〜生きとし生けるもの全てに愛を込めて〜

津田 直美

Contents

おとなのおもちゃ・・・・・・・・P7

こわもての味方・・・・・・・・・P17

世界一のよわむし・・・・・・・・P27

ふだんは見えないところ・・・・・P37

ヘチマくん・・・・・・・・・・・P51

黄経345度・・・・・・・・・・P61

あとがき・・・・・・・・・・・・P72

おとなのおもちゃ

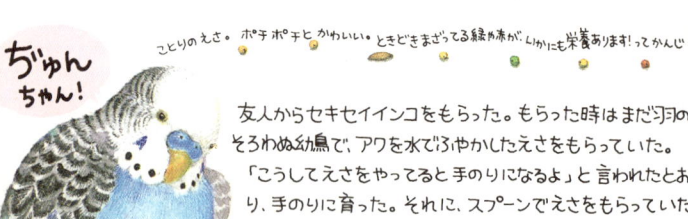

ちゅんちゃん！

ことりのえさ。ポチポチとかわいい。ときどきまざってる緑が赤が、いかにも栄養あります！ってかんじ

友人からセキセイインコをもらった。もらった時はまだ羽のそろわぬ幼鳥で、アワを水でふやかしたえさをもらっていた。
「こうしてえさをやってると手のりになるよ」と言われたとおり、手のりに育った。それに、スプーンでえさをもらっていたので、「スプーンにのっかっている物は食える」と、カレーでもプリンでも食べるようになってしまった。
そのせいかどうか、彼はデブだった。彼の名前はその友人の名をもらって ぢゅんちゃん といった。

すずめやひよこの足は
前3
うしろ1
こうなのに

セキセイインコの足は
前2
うしろ2
だ
なぜなんだ！？

鳥のももひき
かわいくて好きだ

ぢゅんちゃんははじめのころとても無口だった。幼鳥は無口なものなのかどうかは知らないが、ある日、急にしゃべり出した。鳴き出したのではなくて、しゃべり出したのだ。
「ぢゅんちゃん！ぢゅんちゃん！」ちょっとハスキーな声で、自分の名を呼びつづけ、合い間には「おごじょろうろらごうごりじゅちょ〜らら・・・」と、だれか数人がかたまって雑談しているような音を発していた。
それからの彼はまるで関西芸人のようにしゃべりまくった。人間語のボキャブラリーを増やすにとどまらず、日常のあらゆる音をまねするようになった。
誰かが箱からティッシュをサッと引きぬく音がするやいなや、
「チーン！」と鼻をかむ音を出すなど朝めし前、朝めしの時には、「チャッチャッチャッチャッ♪」とたまごをかきまぜるところから、よーく熱したフライパンで「ジャ〜ッ」とオムレツを焼くところまで、いかにもおいしい音でまねをしてくれるのだった。

朝、カゴにかけてある布を取りかえていると、ぢゅんちゃんはカゴを持ち上げる時の母の口まねをして「早く布を取れ！」とさいそくした。

よいしょ！
よいしょ！

するのは私だけではないはずだ。

これはインコにとってはオトナの味らしい。ヒナはよろこばないが オトナはよろこんで皮をむきつつ食す

こんなのも好きだ

鳥の羽ってすごい！

羽根の毛 いっぽんいっぽんに
また毛が生えているのだ。

そして、元に戻らなくなるほどボロくなった頃、自然にぬけかわる。

そんなじゅんちゃんがセキセイインコ語をおぼえたのは、別の知り合いからもう一羽セキセイインコをもらった時だった。もう一羽のセキセイインコも、くれた人の名前をもらってポンポンちゃんにした。（本田さんだったから）　彼らは男どうし、大変に仲良しだった。

じゅんちゃんはすぐにポンポンちゃんから習ったセキセイインコ語を体得し、「ぢゅ〜んちゃんっ、ピロピロロ〜〜ッハイハイぢゅ〜んちゃんピロ〜ッ」とますますうるさくなった。

見た感じがあまりにちがうので
料理用のハカリで計ってみた。
ポンポンちゃんは25グラム
じゅんちゃんは50グラムだった。

・セキセイインコのオスはクチバシの上の鼻が青い

メスはクチバシと同じようなはだ色。地味。

ポンポンちゃんは目のくりっとしたなかなかの美形であった。彼と並べると、じゅんちゃんのどこか「妙なかんじ」の理由が具体的な形として比較できた。やっぱり、じゅんちゃんはデブなのだ。そして目が小さく、離れている。頭の形もいびつだ。しかし、美人薄命のセオリーどおり（？）ポンポンちゃんは数ヵ月もせぬうちにこの世を去った。じゅんちゃんにそれが認識できるとすれば、彼にとって、生まれてはじめての孤独がやってきた。ひとり残されたカゴの中で小さく「ぽんぽんちゃん・・・」とつぶやいている彼の姿は、私の目には人間くさ〜い悲しみに満ちて、とてもあわれに見えた。

カゴの天井に食べ物を置くと
そこまでよじ登ってくる。
そして、そのまま体をぐるっと回転させ、背中のほうに足を出して
ぶらぶら体をゆらしてよろこんでいる。何かんがえてんだか

愛してるだの好きだのと
おしえたのはマズかった
あとのまつりである。

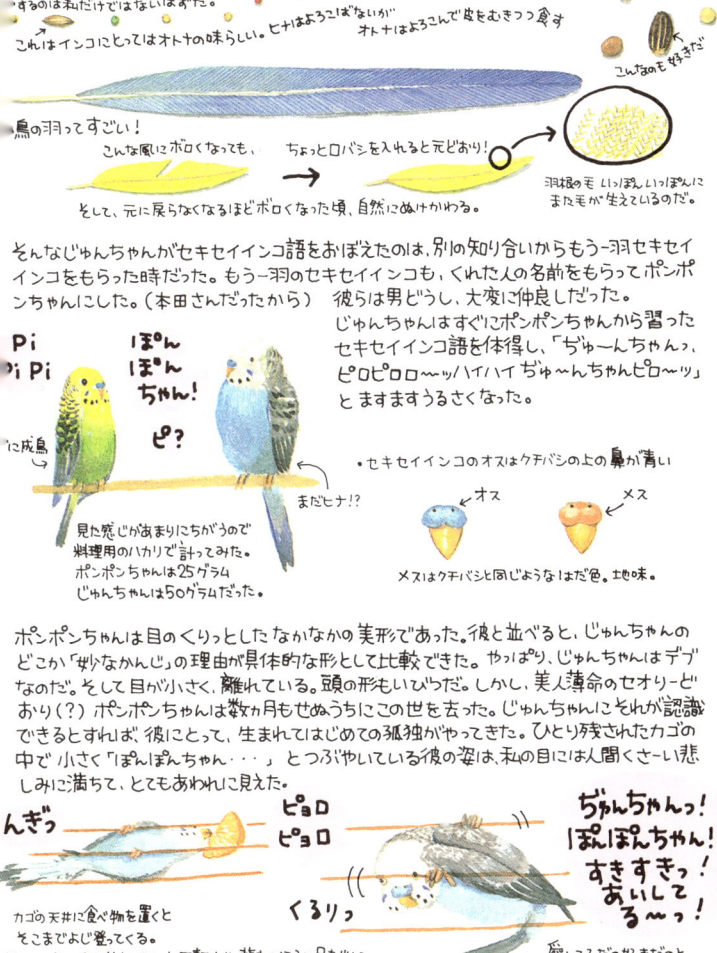

そして、人生がたびたびそうであるように、鳥生(?)にも泣きっ面に蜂的な不幸の連発がみまうのはもはや運命と言うべきなのか。"ひとりぼっち" になってしまった彼は成鳥となり、最悪のタイミングで発情期を迎えてしまったのだった。

またしても、セキセイインコのクチバシ周辺 オスのばあい

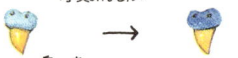

ふだんのときの鼻は青いが → 発情するとさらに濃くあざやかな青に

うちで飼う生き物には共通点がある。みんなデブで食い意地があっていて、何をされてもおとなしい。

じゅんちゃんはあおむけでもへっちゃらだ"

彼は内からわき上がる情熱ゆえに、のどを鳴らして歌を唄った。いつものじくじくした声よりはるかに透明で美しく、そして鳥らしい声で。それがだんだんノッてくると、今度は体をリズミカルにゆらしてダンスをおどる。時おりその美しく濃く色変わりした鼻を止まり木にうちつけて調子をとり、胸をはり、肩をいからせておどる姿はさながらマタドールのようだ。しかし、彼の情熱を受け止める相手はどこにもいなかった。彼はしかたなく鏡にうつる自分や、テーブルの上のしょう油のビン、そして人間の私にその想いのたけをぶちまけた。

・愛の表現パターン

① おどる
ピーロロロ
ピヨピヨ
愛の歌

② 胸をはる
愛の胸

③ えさを与える
愛のゲロ玉

そしてじゅんちゃんは私にもモーションをかけた。

おどるわ うたうわ
ピヨピヨ
ピルルルー

えさまでくれる
はいっ！
ゲロゲロ
ビーぞっ！

そしてクライマックスはやっぱりする。
あのねーっ
おしり すりすり

インコの目玉は文字どおり白黒する
光彩が大きくなったり小さくなったり自由になるようだ ◉→・

ーまた
じゅんちゃんたらー

のキッコーマンしょうゆ

あいしてる

幸せを運ぶと言われる青い鳥の、あまりにさみしく不幸せな姿に心痛む私ではあったが、それでもまだ、じゅんちゃんに嫁をもらう気にはなれないでいた。というのは、以前、飼っていた十姉妹がつがいになったとたん、それこそねずみ算式にどんどん増え続けて大変だったことが頭を離れなかったからである。さりとて、日に日にボルテージの上がっているじゅんちゃんの作る愛のゲロ玉は数を増し、問題がさしせまったものであることを告げていた。

じゅんちゃんは 　　いちごが好きだ 　　特にタネのところが

タネだけ
ほじって
食べる

P!

どうしたものかと心悩ませる日々が続いた後、光明は小鳥屋さんによってもたらされた。そして、その解決方法は思ってもみないものだった。一見、非常にプライベートでデリケートなじゅんちゃんの悩みは、実際のところ、鳥生においては、ごく一般的なよくある悩みであったようだ。小鳥屋さんには、そんな悩めるオトナセキセイインコのためのアダルトグッズが売られていたのである。

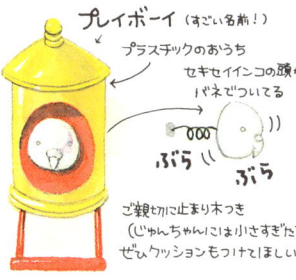

プレイボーイ (すごい名前！)

プラスチックのおうち
セキセイインコの頭が
バネでついてる

ぶら　ぶら

ご親切に止まり木つき
(じゅんちゃんには小さすぎた)
ぜひクッションもつけてほしい！

プレイボーイと名付けられているそれは、カゴにとりつける式の小さな鳥の巣(?)のような形の止まり木で、その巣から「今ちょうど巣の中から出てきたのだけど何かご用?」といった風の白いセキセイインコが頭をのぞかせているというもの。その頭はバネで止めつけてあるので、愛のおどりをおどりながらくちばしでつつけば、あたかもそれにこたえてうなずくようにビヨヨヨンと頭をふってくれるのだ。

「こんなもので、本当にいいのだろうか・・・」
そんな私の不安をよそに、じゅんちゃんはそれこそ目の色を変えてよろこんだ。(前頁参照)
次の日にはおしりがすり切れるのではと心配になって、プレイボーイのとりつけてある止まり木に、軍手をしばって止めつけた。
めでたし、めでたし。

ゲロゲロ

あいしてるうっ！
ピョピョー

すりすり

おしりがすり切れぬよう
とりつけられた軍手

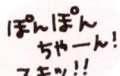
ぽんぽんちゃーん！スキッ!!

その後、じゅんちゃんは結婚した。やっぱりプレイボーイではかわいそうだし、じゅんちゃんのジュニアもほしくなったので、例の小鳥屋さんに連れて行って見合いをさせた。私としては、じゅんちゃんそのもの、そっくりな子供がほしかったので、はじめはじゅんちゃんと同じ色の青い鳥ばかりを、彼のカゴに入れていた。しかしどの鳥もバカでかい彼の姿におびえて飛びまわるばかり。ただ一羽、大きなじゅんちゃんを嫌わずにおとなしくしてくれたのは、目立って体の大きい緑のメスだけだった。私の考えていたように、じゅんちゃんに相手を選ばせるどころか、じゅんちゃんでもがまんしてくれる相手をみつける見合いとなってしまったけれど、それでもじゅんちゃんはとても幸せそうだった。

私ははじめ「きもったま」だの「ころ」だのと嫁さんを呼んでいた。でもじゅんちゃんは自分で嫁さんの名前を決めてしまった。そういえば今は亡き友人と同じ色だ。

黄色くよごれた胸や頬

はじめて生まれたたまごは4つ、じゅんちゃんはそれをおいしくいただいた。なぜだろう。彼はとっても頭が悪くて、これは食べものだ！と思ったのか、はたまた、とっても頭が良くて、これはあたためてもかえらぬ無精卵と知っていたのか。ともかく、彼はその後は1度も自分たちのたまごを食べたりはせず、全てのたまごはヒナとなった。

「親鳥がたまごを抱いている時は、決してのぞいたりしてはいけません。」と小鳥の飼い方にいくら書いてあろうと、私がガマンできるはずもない。じゅんちゃん夫婦はそんな私の性格を知ってか、毎日巣箱のフタをあけてたまごを取り出してはしみじみながめるのを、実に気前よく許してくれたので、おかげで私は、まだ生まれないヒナがま

生まれたばかりのたまごはとてもみずみずしい白い色だ。それがだんだん中が成長するにつれ、黒っぽくにごった白になる。たぶん中が透けて見えるせいだろう。形も心なしか丸くなるようだ。

- その後のお話 -

じゅんちゃんは思ったとおり子だくさんになった。
私はこんなじゅんちゃんと、こんなポンポンちゃんの子だから

きっとこんな子たちが生まれると思っていた。

ところが実際生まれたのは、こんな子たちだった。

こういうのを ハルクイン というらしい。なんで そうなるの？

そして、なぜかじゅんちゃんにそっくりな青い鳥は生まれなかった。

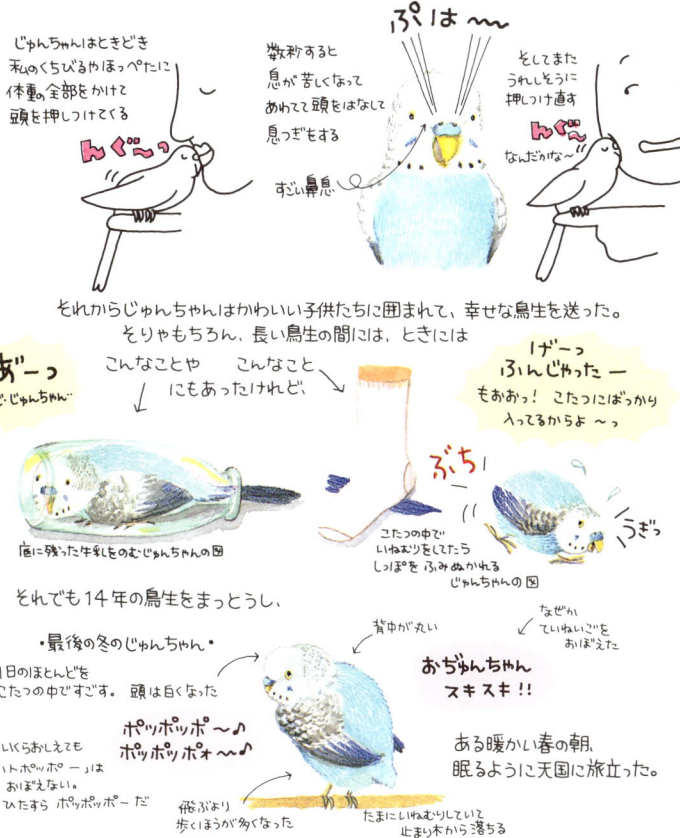

ふとしたときに視線を感じる。ふりむくと鳥かごの中から「遊んでよ!」と言わんばかりにこくびをかしげて、ジーッとみつめるつぶらなひとみ。あ〜かわいい。あそんであげよ。

ところで、いつも思うのだけど、ジーッとみつめてるこっち側のおめめはともかくとして、あっち側のおめめは一体なにしているのでしょ?
何か見てるの? 何を見ているんだってば〜???

こわもての味方

夏はしそっぱ 日本人です!

最近、ガーデニングがはやっている。私は以前マンション住まいだった頃、小さいベランダで楽しんでいた小さな緑を育てる本を書いたことがあるが、今やどこのお家でも美しくガーデニングしているので、私のやっているような「植物が生えてうれしい」くらいの気の持ちようでは、もはや人さまに土をいじったり、草を育てたりするのが好きですとは言えなくなった。うっかりそんなこと言ったら、さぞかしビューティフルな庭を作っているように思われてしまう今日このごろなのだ。

だいたい私はただでさえ幸せなことだけを絵本にしているせいで、日常全てが美しくて幸せなことばっかりで生きていると思われている。しめ切りに追われて、人間生活とおさらばしている姿を知っているのは、ごく近しい友人と、「今日徹夜すれば、明日朝9時には原稿上がります」などと言われて、「でも明日は日曜で私、本当は会社休みなんですけど・・・」とは言えずに、だまって原稿を取りに来てくれる担当の編集の人ぐらいであるが、他人の知っていようがいまいが、私はしょっちゅうささくれているのだ。だから土や木や草や花が必要なのだ。

メッシュの入ってるむぎわら帽 蒸れなくて最高!

(何故か書きながらささくれる私)
かくして私はそのささくれた生活を癒すべく、ささやかな庭に
(今は一軒家に住んでいるので、少し土があるのだ)しばししゃがみ込んでは土をいじり、よろよろと生えてきた小さな芽などを愛でる。あー幸せ。

そんなことなので、私は最近はやりのガーデニングとはちょっとちがう「くさめで」(草愛でです)の愛好者として、主に次々と毎年その子供を増やしてくれる球根や多年草、それに、自然のままたくましく育って行く一年草(雑草とも言う?)をささやかな土地にはびこらせてよろこんでいるのである。できることなら1日中、風にそよぐ

ひややっこに そうめんに 毎日欠かせませんゎ

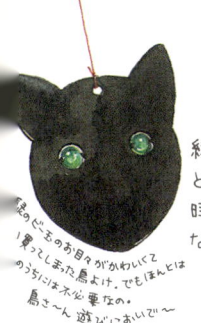

緑のビー玉のお目々がかわいくて
買ってしまった鳥よけ。でもほんとは
のうちには不必要なの。
鳥さ〜ん 遊びにおいで〜

緑をながめてしゃがんでいたい！と思うほどだが、時おり、この私にとっての至福の時が、身も凍るような「恐怖の時間」となってしまうことがある。

うちのしそっぱのかわいいところは
"自分から来てくれた"ところ
どこからともなく（たぶんおとなり）
やって来て、自然に生えてくれました。

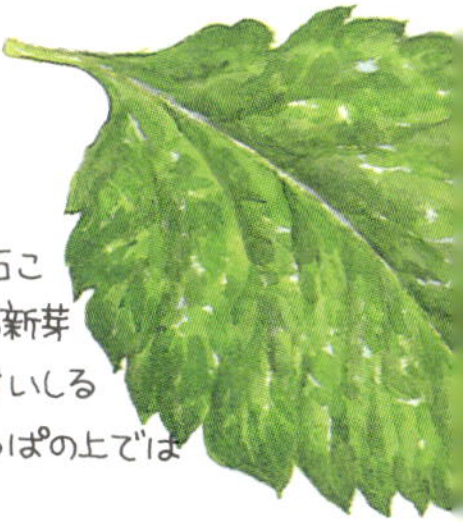

カマキリ　さん　だ！
ぎゃ〜っ!!

「くさめで」をやっていると、実に色々な虫に出あう。
ちょっと土を掘るとニョロニョロとミミズが出てくるし、石ころをころがすと、下にはダンゴ虫がくっついている。バラの新芽にたかった丸々とした緑の小さなアブラ虫のおしりには、甘いしるをもらおうとアリが行列し、まだらもようのぎぼうしの葉っぱの上ではバナナ虫が日なたぼっこをしている。
私はどんな虫も大好き！とは言わないまでも平気である。素手ではさわれないけれど、イモ虫だってナメクジだってつかめる。ガの幼虫（私は特に蝶の幼虫〜イモ虫とは区別している）だって恐いけどなんとかつまんで捨てられる。
ただ、私にはどうしてもダメなモノが2つある。1つめはアレ。アレはもう字で書くのさえはばかるし、考えるのもいやなのでここでは触れない。だって私は「アレホイホイ」とか「アレジェットスプレー」とかに、アレの絵が描いてあるのだってたまらないほど嫌なのだ。どうしてわざわざアレの絵をアレ退治の品々にみんな必ずつけるのだろう。製薬会社の方々、どうか考えていただきたい。アレが嫌で使う人の身になってデザインして下されっ！と、話はズレてしまったが、そのアレと同じくらい恐いのが**カマキリさん**　なのだ。

妙なものにさわらぬよう、手袋は必需品

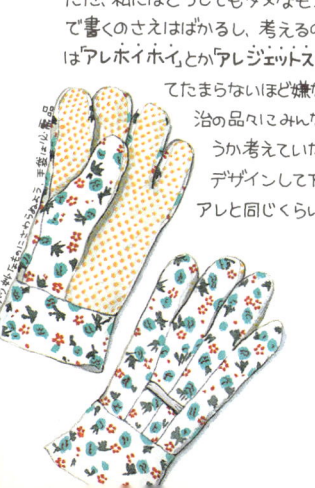

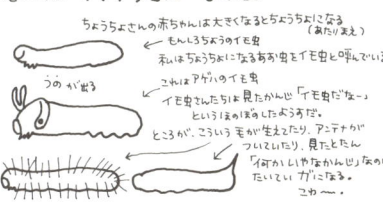

ちょうちょさんの赤ちゃんは大きくなるとちょうちょになる
（あたりまえ）
もんしろちょうのイモ虫
私はちょうちょになるあお虫をイモ虫と呼んでいる
うの が出る
これはアゲハのイモ虫
イモ虫さんたちは見たかんじ「イモ虫だなー」
というほのぼのしたようすだ。
ところが、こういう毛が生えてたり、アンテナがついていたり、見たとたん
「何かいやなかんじ」なのはたいていガになる。
こわ〜〜。

てんとう虫は姿もかわいいし
あぶら虫をとってくれる
どんどんおまねきしたい

幼虫も
どえらいいろ、

私がアレを嫌うのには理由などない。よく言う生理的に
ダメというやつだ。だが、カマキリさんの場合は理由がある。
あれは小学生の頃。私は今よりももっと虫がへっちゃらで、
よくいろんな虫をつかまえて来ては家で飼育し、観察していた。
だからある秋の日、草のくきに付いたバナナのしっぽの乾いた
ような物体がカマキリさんのたまごだと言われても、特に気持
ちの悪いものとは思えず、いや、むしろ、どうやってこの奇妙な
泡のようなものがあのカマキリさんになるのか、この目で見てみたい気持ち
でいっぱいだった。そこで私はそのたまごを家に持って帰った。

虫を飼育する場合、いつもならばそれらを虫らしくあつかうのが私の常だった。
相手は虫といえども生き物なのである。だから、虫カゴに入れるなり、ビンで代用す
るならばフタはガーゼにして息ができるようにとか、子供ながらに気を使ったものだ。
不幸にして命のなくなってしまった場合にさえ、アリなら角砂糖、イモ虫ならキャベツの
葉など供えてお墓だって作ってあげた。
ところがこのカマキリさんのたまごにかぎって、
その生活における嗜好が
私にはまったく理解できなかった。
どこまでも乾いてじっとしている姿から、
どんな所に居させてよいものやら、さっぱり
わからなかったのだ。

結局私はその宿となっている草のくきを、はじめのうち
机の上の鉛筆立てにさしていた。いく日か過ぎても、
それは全く変化の兆しを見せてはくれない。
小学生の観察の対象として、冬越しをしようとしているカマキリさんの
たまごほど退屈なものはない。
私はいつしかその存在をすっかり忘れてしまったのだった。

土の上にときどき小さなもろもろとした土のおだんごがみつかる。
これはミミズのうんちだ。
ミミズはこうして土を食べ、植物に良い土に変えて返してくれる。
ありがとう。ごくろうさま。

連れて来た腐葉土の中
に入っていたカブト虫の赤ちゃん
は、土をたがやしてくれる
んだ

そして春がきた。ある昼下がりのこと、
私の机の引き出しを開けた母がものすごい悲鳴をあげた。
そして何ごとかと思って飛んで行った私も悲鳴をあげず
にはいられなかった。たぶん、私はそれとは知らずに、
使わなくなった鉛筆と一緒に入れてしまったの
だろうが、机の引き出しから、
文字どおり山ほどの小さな小さな
カマキリさんがあとからあとからあふれ出していたのだ。
手に手に小さなカマをふり上げながら。

庭に出る時はやっぱりゴム長だ。
通勤していない私が唯一はきつぶす
くつは、このゴム長だけになってしまった。
パンプスがなつかしい??

見た目にかわいい彼らは残念ながら草の敵。

巣を作られると恐いけど
いじめなければ決して
刺したりしないもの。
葉を食べる虫を
食べてくれる蜂も
私たちの味方

でも姿が見えなくなるのはさみしいから、食べられてもかまわない草に
ひっこしてもらうことにする。

私の「くさめで」の目的は、花屋で売られているような美しい花を作る
ことではない。花は大好きなのでよく買いに行くし、鉢植えも、見ると
すぐ欲しくなってしまうほうだ。でも、自分の手で種から育てる植物は花屋で
買う花からはほど遠い。だいたい、種を蒔いても、芽が出た後の間引き
ができないのだ。なんだかかわいそうで、小さな芽をぬくことができない。
いきおい、育ったものはみんな等しく養分を分けあって、小さくて貧しいもの
になってしまうのだけれど、そんなひょろひょろのひまわりの実を、
毎日食べに来てくれるカワラヒワや、のびすぎてしまった
サフィニアの花をひとつずつのぞいてくれる
ちょうちょたちの訪問が、私にとって

暑い夏の日にはときどき、植木鉢におきゃくさんが来る。ぬれた素焼き鉢は
いごこちが良いらしい。

植物を育て、花を咲かせるのと同じ、もしくはそれ以上の楽しみなのだ。見栄えのする豪華な花は、花屋で買えばいいのだから。だから私は、花のために殺虫剤やよけいな化学肥料を使わないようにしている。ただでさえちかごろ数少なくなってしまった自然の友だちをこれ以上苦しませないために、せめて私にできることだと戒めて。のはずだったが、人間というのはまったく身勝手なもので、我が身に問題がおきると、すぐさまそんな分別など簡単に捨てられるのだ。

勝手口のドアの前に、どこからともなく種が飛んできて青しそが生えた。青しそはろくに水やりもしない私の土にしっかり根を

葉っぱずいぶんかじられて立派な私の陽除けをしないでマワリ"と
それでも、毎日同じ時間に"ちょっとひとくち"と
立ち寄ってくれるおなじみのあきゃくさんがいる。
彼ラ"エ"その根株色の羽の下に
ひまわりと同じ、あざやかな
黄色の羽毛を
かくし持っている。

はってぐんぐん成長し、おいしそうな葉っぱがわんさと栄えた。やった！これから薬味にも天ぷらにもどんと来いだ！と思った矢先、しょうりょうバッタがたかるようになった。あのネズミ男のような頭のバッタは、毎日こぞってやって来て、今が食べごろの葉だけをうまく選んで食べてしまう。連日、私とバッタの熾烈な戦いがくりひろげられたが、なにせ敵はどこからともなくやって来て、数限りないのだ。

間引きのできない私はありったけの入れ物に種をひとつずつまいて、芽の出たものだけを定植しようとした。でも、こういうときにかぎって、ひとつのこらず発芽してしまうのだ。そんなものさ。

ほとんど毎日、一枚も葉っぱが採れない日が続く。そして私はくやしさのあまり、見たことはないけれど、もし市販されているのならきっとこんな感じであろうと思われる赤いスプレーを心にえがく。それにはきっと緑の三角頭のバッタが描いてある。そしてその横には白ヌキの文字で大きく「しょうりょうバッタスプレー」などと書いてあるにちがいない。よし、明日こそそんな殺虫剤を探しに、ダイクマに行ってやる!!

こういうご都合主義な人間を罰するために、神様は時々、おそろしくイヤミで、それでいて理にかなったお手本を示してくれる。このしそに、予想もしなかった強力な助っ人をお遣わしになったのだ。それは、あの事件以来、見ただけでも身のちぢんでしまうカマキリさんだった。

10cmはゆうにこえる大きなカマキリさんは私のしそに住みつき、にっくきバッタたちを片はしからやっつけてくれた。私はカマをふり上げてギロッとにらむ大きな目と、目を合わせないようにしながらも、おかげでおいしい青じそを一夏中たっぷりといただくことができた。

こざかしい人間の技など遠くおよばない大きな自然の細やかで巧みな摂理に感謝しつつ、以来、私はカマキリさんにかぎって敬称は略さない。

今年はバラの枝に2つ
カマキリさんはたまごをつけた
次の夏も どうぞよろしく

花や他の絵ばっかりでカマキリさんの絵がない？
そうです。こわくて描けないから、他のものでごまかしてます。やっぱりばれたか。

23

モネの庭のヒナゲシの種 のパッケージの絵
う〜ん、目の悪いモネにはきっとこんなふうに
見えてたのでしょう

そよぐ木の葉と同じ緑色に塗ら
れた大きな鉄の扉を開くと、そ
こは白い小石が敷き詰められた
まっすぐな小道。足元にはナスタ
チウムが明るいオレンジと黄色の
花を咲かせ、それにごあいさつで
もするように小さくこくびをかしげ
て咲く つりがね草やきんぎょ草。頭の上には香りも高く
バラのアーチが手を差し伸べ、白いレースのカーテンの
窓がある、とても大きな緑色の木のドアまで、夢のように
続くのだ。ああ、あこがれのモネの庭。

モネは花を絵の具に庭を描いた。
四季おりおりにその絵は変化する。
色とりどりのパレットをひっくり返したように。

あまりにも有名なモネの庭ゆえ、モネの庭を冠した園芸用品を沢山目にする。
私もモネの庭をほんのちょっぴりでも自分の物にしたくて、「モネの庭に咲く花」
などと書かれている種のセットをついつい買い込んでしまう。

ヒナゲシだけでもピチカートだとかてんとう虫だとかいう名前で6種類、その他、
私が手に入れただけで61種類！の草花の種が
モネの庭に咲いているといって売られていた。
すごいことだ。これに球根や木だって

うちのヒマワリは
「ゴッホのヒマワリ」
といって売られてた 6種類
ゴッホがモデルにした
ということらしい

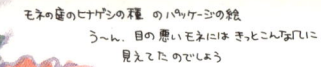
Van Cogh's
SUNFLOWER SEEDS
SIX VARIETIES

あ〜 私の大大大好きな小さな花。たとえ「大イヌのフグリ」なんていう名前でも…

あるのだから、いったいモネの庭にはどのくらいの種類の花が咲くのだろう。
ああっ・・・うっとり！！

私の家には今や貴重品となった日本タンポポが咲くの!!
と友人に自まんしたら、「でもタンポポって雑草でしょ」と言われた

うっとりぼけた頭で、私はこの4年間、自分のほんの少しばかりの土にそれこそいろんな種を蒔いた。蒔いたときの想像がそのまま現実になっていたら、今頃私の庭はすごいことになっていたはずだ。モネとゴッホと赤毛のアンとどこぞの古い英国庭園がハーモニーとなっていたはずなのだ。でも実際は、ときどきモネやゴッホが一部に爆発して、足の踏み場もないヒナゲシ畑や、手の付けようの無いヒマワリ畑が出現して、そのほかはごくありきたりの小さな花が、申し訳のように咲くといったところなのだ。気がついてみれば、私の庭に常に栄えているのは、クローバーとオオイヌノフグリとタンポポ、スミレ、わすれな草、おしろい花だ。みんな雑草?!

でもね。クローバーはいつでもちゃんと四つ葉があるのよ
だから、どんな時でも庭に行けば 勇気百倍なのっ！！

「津田直美の庭に咲く花」という私の花の種のセットには、雑草だけで70種類！
なんてことになりそうだ。はっはっはっ！
夢はかなわなくっても私は自分の庭でいつも心和む。自慢できるようなものはなんにもないけれど、今や世界で二番目に恐いカマキリさんでさえおともだちなのだ。
庭は私にとって世界一幸せな場所なのだ。

なんの変哲もない普通のスミレ
でもこれは大切な
おじいちゃんのかたみ

世界一のよわむし

東京電力のCMに出てくる白黒のクマのような生き物をご存じでしょう。あれ、アナグマという。日本じゃたぶん動物園にもそんなに見かけない生き物だけれど、イギリスではわりにポピュラーなものらしい。
年末の「行く年来る年」のようなTV番組の、ニューイヤーをむかえるある御一家のライブで、その家の庭にこのこが歩いているのがうつっていたし、「アナグマの来てくれる庭作り」なんていうテーマのガーデニングの番組も放送されていたりした。

私は東京で生まれた。でも育ったのも、今住んでいるのも、今時めずらしいほど緑多い都下である。うわさだと、このあたりはまだタヌキがいるそうだし、誰かが放したうさぎが野原で繁殖して野うさぎになっている。おとなりにある昭和記念公園の工事中には、私の住んでいたマンションの屋根に、キジが住んでいたこともある。

← 記念公園の玉川上水口の近くにいるうさぎさんたち。

ケーンケーンってもう、ほんとかあ？ ホントにケンケン言ってるなぁー。

キジは今住んでる家でもたまに見かける。重そうにバッサバッサと羽ばたいて、飛んでる！！のだ。はじめ道でばったり出くわした時にはオドロイタ。だって私は桃太郎の絵本でしか見たことなかったから。
　　　　　うちの近所のアメリカ人（横田基地の兵隊さん）
　　　　　に言ったら、「あいしかったよ」だって！？
　　　　　　　　えーっ！食べたのーっ？！ホントに〜？？

けん
け〜ん！

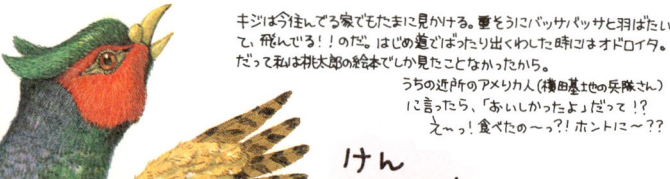

ー私の見た野生の生き物ー

↙ 原っぱや畑でよく見るもぐら塚だが、もぐらさん本人に会ったのはたった2回。手が大きいのにびっくりした。

↙ ゴルフボールくらいのまん丸のネズミが、列を作って走って行くのを見た。しっぽをくわえて。中学生のとき、朝の通学路で。

↙ 同じ所を今度はうずらの親子が走っているのを見たこともある。今はそこは住宅地となってしまった。あっ！という間に。

← 初夏になると必ず同じ電柱で鳴くカッコー。
そういえば、カッコーって托卵で育つのだ。
ということは、里親をしているモズとかホオジロとかもきっといるにちがいない。

で、これは何かっていうと ↘
えーっと　アライグマ。
あのね
洗ったクマでアライグマっ。
そーです。私って
こういうやつなんですよーだ。
どうもすみませんねっ。

で、これはアナグマ
↙ もういいって？　あっそう

29

あ〜さっぱりした！

要するに私はここが東京かと思うような所に育ち、住んでいるというわけだが、それでも、野生の生き物に出くわすことは、本当にまれである。だから、突然に予期せぬ生き物にあってしまった場合の心がまえがまったくできていない。

話はもどるが、「アナグマの来てくれる庭作り」の別バージョンで「ハリネズミの来てくれる…」というのもあった。
ということは、イギリスではハリネズミもアナグマ同様、うまくすると庭に来てくれるくらいポピュラーということである。

私はハリネズミが大好きだ。動物園でひとめぼれをしてしまって以来、いつかあのトゲトゲにさわってみたい！と思っていたものだ。ペットショップで売られているのを見かけると、ついついおサイフの中味を確認してしまう。「うちはハリネズミ的快適環境にはないのだ!! 犬もいるし!!」と考えてガマンするまでに、とても長い時間もかかる。
それなのに、不覚にも私は一生にたぶん一度しかないであろうあの瞬間に、どうにも情けない行動をしてしまったのだった。
あれは5月、スコットランドの小さな丘の上だった。

私はたぶんちょっとばかりハイだった。
だってそのあたりは見渡す限りのデイジーとたんぽぽのじゅうたんだったから。
そこに、むせかえるほど甘いハリエニシダの花の香りが
私を有頂天にさせていたのだ。

アン女王の首を切った石（THE BEHEADING STONE）とやらを探してまいごに
なり、ようやくハリエニシダをかき分けて出てきたその広っぱで、私は何やらう
ごめく茶色のかたまりを見た。「おーっ、うさぎさんだっ！」と思って
近くまで走りよって見ると、なんとそやつはあのあこがれのハリネズミ
ではないか。信じられない夢のような光景。しかし、もっと信じられな
いのは私自身だった。私はハリネズミを前にして、なんと恐怖でカタマったの
だ。口では「わーっかわいーっ」などと言ってはいたが、頭の中では
「こやつっ！噛むかも。トゲ刺すかもっ！」ととっさに考えてしまったのだ。
　当のハリネズミはといえば、これもまたうるわしい緑の中にまったく突
然あらわれた東洋人を前に、かわいそうなほどガチガチにカタマった。
そして、たぶん彼なりの必死の演技だったのだろう
「死んだふり」で私に対抗してきたのだ。

ーダッ

ピタッ

はっ!!
はりねずみ！

げっ!!
人間！

あめめもつむって死んだふり

あまりに非力で弱い生き物ゆえに、ハリネズミは針の
よろいを着ているのだ、と気がついたのは、ようやく
彼がそのつぶらな瞳を開けて、いちもくさんに茂みに
逃げて行ってしまった後だった。

のじーーーっ

ハリネズミは思ったよりすばやい逃げ足の持ち主だった。
あくまでも　思ったより　だが。

すたこら
さっさ

私はその時、彼に対して「嚙んだり刺したりする悪いやつ」といわれのない誤解をしてしまったこと、せっかくの出会いをいらぬ敵対心でだいなしにしてしまったことに、とても悲しい思いがした。たとえ、そういった誤った恐怖心を持たずにいられたとして、だから他に何かできたわけではないにせよ、せめて彼の幸福や長寿を願ってあげたかったのに。大好きなハリネズミだったのに。自由に生きるハリネズミだったのに。私は彼になさけない猜疑心をぶつけただけだなんて。

そしてお話はあっけなくここで終わってしまったのだった。

自分の何倍も大きくて強い生き物に怯えるのはしかたのないこと。だからあのハリネズミがただ「死んだふり」しかしなかったのは、なおさらけなげでかわいそうなことだ。それにひきかえ、これほどいろんな道具を持ち、我が物顔で地球の上を歩いてるくせに、小さな虫や生き物にさえ、いとも簡単に怯える人間てやつは、なんて弱虫なんだろう。

「ハリネズミごときにたじろいだのはオマエだけだろう」とおっしゃるか。では、もし、体長が15cmもある、まっ黒いナメクジがあなたの前にいたとして、「気色悪〜っ」と思わずにいられるだろうか。このナメクジもハリネズミと同じ所にたくさんいたのだ。もちろん私は近寄れなかったし、ここに絵を描くこともできない。でもしかし、ナメクジは私たちに何らかの害を加えるなんて、ありえないのである。人間はナメクジよりも弱虫なのだ。

再現希望友好的可能性の図

そしてお話は、さらに予想もしない楽しいことに続いた…かもしれなかった。

・・・そうやってしばしの自己分析ののち、またすばやく私は立ち直る。それでも私は自然が好きだし、生命に限りない尊敬と愛を感じずにはいられない。地球も好きだし、虫だって好きだから「ぼくらはみんな生きている」の作詞作曲の人はエライ！と思うのだ。私は懲りないのだ。なぜなら、もしかしたらまたある日ひょっこりと、予想もしない小さな友人に出会うことだってないとは限らない。おまけに次こそたぶん、私は失敗しないはずなのだ！

話はズレるが、たまごは不思議だ。外から見ているだけじゃ、中に何が入っていてそして何が起こっているのかまったくわからない。丸いびっくり箱だ。

たまごと言うとまっ先に思いつくのは、こんな形、いわゆるたまご形だ。頭とおしりのとんがり具合がちがう、いかにも不安定な形にはわけがある。巣の中で親がころがしやすいように、わざと不安定な形をしているのだ。どこか1ヶ所でも安定しやすい、たとえばこんな形だったら、ころがらぬたまごはいつも同じ方ばかりがあたためられ、おしりは常に冷えたままになってしまう。　これではヒナはかえらない。

おしりの平たいたまご

逆に、カメやワニのように、たまごを抱いて温める必要のない場合は、

まん丸だったり　　たわら形だったり、
いわゆるたまご形ではない形をしている。

カメのたまご　ワニのたまご

人間もたまごで生まれたらいいのに。そうすれば子供の生まれるまで女性だけが担う苦労も、それこそ男女平等に分かちあえるというもの。男性は丹精込めてあたためた分、我が子という自覚ももっと確かなものになるだろうし、なによりも出産で痛い思いをしないですむなら、たまごがよいではないか。

出産で痛いといえば、ずっと気になっていたことがある。（ここでようやく話はハリネズミにもどるのだ）ハリネズミこそ、たまごで生まれなければそれこそ痛いめにあってしまうのじゃないだろうか。ハリネズミの逆子なんて考えただけで身の毛がよだつ。

アメリカの友人 … たにわとり
あたまを押すと おしりからジェリービーンが

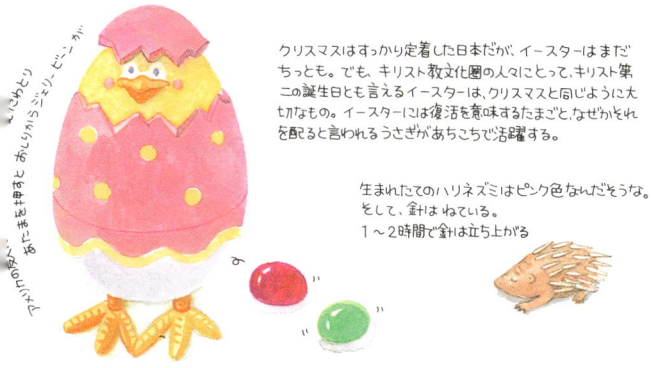

クリスマスはすっかり定着した日本だが、イースターはまだちっとも。でも、キリスト教文化圏の人々にとって、キリスト第二の誕生日とも言えるイースターは、クリスマスと同じように大切なもの。イースターには復活を意味するたまごと、なぜかそれを配ると言われるうさぎがあちこちで活躍する。

生まれたてのハリネズミはピンク色なんだそうな。
そして、針はねている。
１～２時間で針は立ち上がる

調べてみたら、ハリネズミは生まれた時には針がやわらかいのだそうだ。やれやれいらぬ心配というわけか。

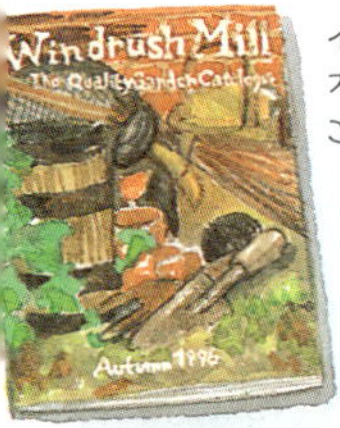

イギリスのガーデニング用品の通信販売カタログには、ヘジホグサンクチュアリなるハリネズミのお家ものっている。残念ながら日本には野生のハリネズミはいないが、私は自分の庭でこんな風にハリネズミに暮してもらうのが夢なのだ。

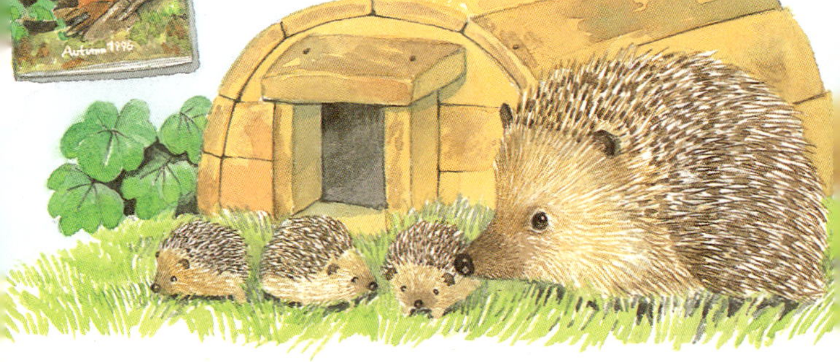

哺乳類

せきつい動物の一綱

温血、肺で呼吸する。

基本的に胎生。雌は乳で子を哺育する。

皮膚には毛またはその変形物がある。

心臓は2心房、2心室。

胸、腹部の境に横隔膜あり。

ふだんは見えないところ

The Belly Button

私は小学生の頃、人には言えない悩みをかかえていた。時々、その事を考えると夜も眠れないくらいだった。でべそだったのだ。身体検査の日、パンツ一枚で廊下に並んでいる間、クラスの中でも、とっても目立ってかわいい女の子が、私と同じようにでべそで悩んでいるのを偶然に知った。私たちはそれでとっても仲良しになった。二人とも、でべそに負けずに強く生きてゆこうとはげましあったものだ。

今や私はご多分にもれず中年太りというものだろう、ついてほしいところに足りないお肉は、ついてほしくないところにだけ、ごていねいにたっぷりとついた。おかげでおへそは今までの人生の中でこれよりないほど深くしずみ込んでいる。でべそはおろか、そのうちお肉がおしよせて、おへその底が見えなくなるんじゃないかと心配なくらいだ。

ところで、もしも子供に「おへそって何?」と聞かれたとする。たいていは「おへそっていうのはね、お母さんのお腹にいたときにお母さんから栄養をもらってた管のあとなんだよ。」などと答えるだろう。そして、そういった時に想いうかべる図としては、母体の胎盤とさい帯でおへそが結合しているこんな図であるはずだ。 → こんな図の思いうかぶあなたなら、まず、おへそというのは、要するに「哺乳類ならば、全てにおいて あるはず」だと、信じておいでしょう。なぜそうだった のかというと、あると思っていたのに、なかったからだ。私もそうだった!? おへそが。

THE PLACENTA

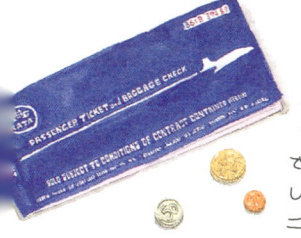

長い旅に出ることは、私には少しも苦ではない。
たいていどんな食事でも食べられるし、どんな所でも眠れるし、ホームシックにはあまり縁がない。
しかし、唯一なつかしくなるのは愛犬のおなかだ。
二週間もあのうす皮のあたたかなおなかをさわらないと、だんだんさみしくなってくる。一ヶ月もたつころには、あたりにいるどんな犬だってかまわない、寄っていっておなかをさすらせてもらう。さすりながらわが家で待つ犬を想う。帰ったらおもいっきりごしごしなでてやろうと考える。ついにはたまらなくなって、気がつくと何か犬のついた物を買っている。犬の写真集や犬の絵皿やTシャツ、どことなくうちの犬に似ている目をしたぬいぐるみ等々。

旅から帰ると、すぐさま走り寄って来たところをひっくり返し、（たいてい自分からひっくり返ってひろげてくれるが）思うぞんぶん、なつかしいおなかの手ざわりを楽しませてもらうのだ。そして、ひととおりなでたらしみじみとながめる。小さなちくびがポチポチと並ぶさまなど見ながら、うーん、やっぱり家はなごむな〜などと幸せにひたりつつ旅の疲れをいやすのだ。私はとっても幸せな気分。

買うときには、いちいちいろんな言い訳をしてみるけれど、
私をぬいぐるみ買いにはしらせるのか、
いくつ買ってもやっぱり足りない。旅の長さに比例してどんどん数が増えてゆく。

やっぱり犬と離れた寂しさが

とうとう
バッグの中から
あふれ出してしまった
ぬいぐるみ。
「これも持って歩いていたら
君は猛獣つかいだね」と言われてしまった。本当は、犬と一緒に旅ができればいいのにな。
とってもいいのにな・・・。

なでられている犬も目をうっとりさせてとても気持ちよさそうだ。あんまりかわいいのでつい「お〜らおら、そんなにおっぱい見せてるとこちょこちょだぞ〜」などと言いながらおっぱいをくすぐる。犬はさらにうれしそうにますますおなかをひろげて見せる。
「お〜し、そんなにこちょこちょしてほしいなら、こんどはおへそを取っちゃうぞ〜」とおへそをこちょこちょしようとして、はっと気がつくのだ。

「おへそはどこ？？？」

ほりゃ！ちくびはオスがいちがいなのよっ！

おへそって何？

それ
おいしい？

ちんぽん

ねっ

　これ、うちの犬 ポピーです。ご存じの方もいらっしゃるでしょう。彼女は、ヨークシャーテリアのメスなので、毛の無いおなかに、ちくびポチポチがはっきりと見てとれる。全部で10コ、今は前足でかくれているが、もう少し毛の濃い胸まで並んでいる。ずっと下の方にはやわらかな突起物がある。これを何と言うのかわからないので、うちでは「ちんぽん」と呼んでいる。もちろんオスの陰茎ではないのだが、この「ちんぽん」を知らない人にはとってもまぎらわしい。メス犬の「ちんぽん」は、犬の体格とは関係なく、大きな犬でも小さな犬でも、みなだいたい同じような大きさだ。だから、うちの犬のような小さな犬や仔犬では、体のわりにずいぶん大きく見えるので、オスだと思ってしまうこともよくある。
　妹の近所の犬 タロ〜は、仔を生むまでオスだと思われていたそうだ。

わが家に来た時、うちの犬は生後40日くらいだった。その時はまだおなかにはほんの少し、へその緒のなごりがくっついていた。一週間ぐらいして、それがポロリと取れた。私は「あ〜、ようやく取れた。」と思って、たしかどこかにしまった記憶がある。あれはどこ行っちゃったんだろう？？　ともかく、あの時点では、確実にへその緒のつながってたところはあったはずだ。それに「犬の生活」のファンレターの中にも、「私のうちの犬はデベソです。」というのもあった気がする。　だが、実際目の前にいるうち

の犬にはどうやって触ってもおへそらしきものはないのだ。ほんのちょっとのでっぱりもへっこみも、私の愛してやまない薄皮のあたたかなおなかは、小さなおっぱいのポチポチ以外は、まるでのっぺらぼうのすってんてんなのだ。
「うちの犬はへそなし犬か?」私はあわててご近所のポチゃ

どぞ　　びろ〜〜ん　　　　　　　　みせて
　　　　　　　　　　　　　　　　　おへそ!

　　　　　　　　　　　　　　　　　おへそ
　　　　　　　　　　　　　　　　　ある?

　　　　　おむかいのタマや
　　　　　　　　　　　　　 んごろー

向こうどなりのニャニャなどに　　ごろ〜〜っ
協力してもらっておへそを探してみたものの

ある?　　う〜ん　　　　　あ〜っ
　　　たしかこの辺だったと　ないねえ
　　　思うけどねー　　　　ない、ない!

　　　　　　自分のように立派な井戸のようなおへそも、
　　　子供のような悩めるでべそに似たものもみつけることはできない。
おへそは一体どこに行ってしまったのだろう。

41

おへその骨は
臍輪 (Anulus umbilicalis) という

なぜ、犬や猫にはおへそがないのに、人間にはでっぱったりへこんだり、おなかのまん中で「おへそここにあり！」とめだつおへそがあるのだろう。
実は人間はおへそに骨を持っているのだ。骨といっても＜こういうの＞ではなくて、やわらかいなんこつのようなものだが、それがおへそのところにドーナツ状にかたまっていて、おへそを丸く形作っている。

自分のおへそをよーっくさわってみると、皮膚とは違った、ほんの少しコリッとしたような感触がある。おへその穴をつぶす気持ちでつまんだ時に、そうはさせじと押し返してくる、わずかに他よりも硬いかんじの物がそれなのだ。（太っていて、すでに穴がふさがっている方は、ちょっと無理かな…）あくまでも、なんこつのようなものなのでわかりづらいが、このあるかなしかの骨が、おへそのありように大きくかかわっているのだ。そこはかとないこの存在が、人間のおへそのものと言ってよい。犬や猫は、このおへその骨がないから、いつしかおへそは他の部分と一体化して、すってんてんになってしまうのだ。立派なおへそこそ、人間であることの証である！

しっぽないくせに〜

いばるなー！
おへそなんかー！

やーい
すってんてん!!

へーんだ そんなもの！

以上が私の「おへそは人間の証」説なわけだが、(いかにもあやしく根拠希薄な)この説を日々確認するため、今日も生き物と見るや裏がえしておへそを探すのをかかさない。

進化論が正しいとするならば、人間は犬や猫よりも進んだ生き物のハズである。それなら、一体どこのあたりで私たちのような「立派なおへそ」が出現するのであろうか。人間に近いと言われているチンパンジーには、いや、オランウータンやゴリラにはどんなおへそがあるのだろう。ぜひ、そういったペットをお持ちの方は、私にどのようになっているかおしえていただきたい。ただし、「ゴリラにそっくりなうちのじいさんのへそ」とか、「サルよりバカなうちの息子のへそ」等はご遠慮、申しあげたい。

ふん、そうやすやすとおへそは見せないわッ

ミーアキャット

あったりまえな かくしちゃうもんね！

プレーリードッグ

私の説が正しいのならロズウェルの宇宙人はにせものだ。だって UFOを作れるくせにおへそがないなんて！

なんでこのこたちは、いつもせっかく立ってるのに おへそをかくしているんだろう！?！

こういった本を書いていると、時々、自分で撮っておいた写真やビデオだけではことたりなくなることがある。モデルが今、自分の目の前にいれば話は別だが、過去に飼っていたものなど描こうとすると、とんでもないところがわからなくてこまることが多い。どんな生き物も実際いつも正面を向いているわけではない。土を掘っているところや、むこうに走って行く姿や前足をなめているところなどを描きたい私としては、後頭部やおしりの周辺、足の裏などがぜひとも見たい。しかし、図鑑などで探そうとしても、みな似たりよったりのポーズしか出てこない。最近はご自身のペットのホームページを作っておられる方も多いので、困ったときはそういったホームページをまわって写真を見せていただくことも多い。だが、それでもやっぱり、どうしても知りたいところは、あまりわからないのが現状だ。どうしてか。それは愛の力なのだ。ペットに対する愛の力が、私の資料集めの行く手をはばんでいるのだ。

だいたい生き物を飼っている人はなぜかその生き物に対して「親バカ」になってしまう。思わず赤ちゃん言葉になり、そしてみせびらかして自慢したい。
ここだけの話だが、私の某犬の絵本だって、自分ちの犬が表紙の本が作りたいというだけで作ってしまったのだ。(すみませんです)
ホームページを作ろう！と思いたった気持ちも、そんな親バカな美しい愛がなせる技だ。うちの〇〇ちゃんのホームページには、だからどれもありあまるほど愛されて、ますます可愛さにみがきのかかったペットたちの、これでもか！というような愛くるしいベストショットであふれかえっている。あまりにも可愛いものだから、つい私は仕事を忘れて、あっちのホームページからこっちのホームページへとはまり込んでしまうのだ。
だがしかし、その可愛いがくせものなのだ。どうも人間が可愛いと思うものには、ひそかにパターンがあるらしい。
たいていは正面からこっちを見ているか、七、三にかまえている。ごくたまには楽しく遊んでいる姿もあるが、それでも私のぜひとも知りたい後頭部やおしり周辺や足の裏なんていうものにお目にかかるのは至難の技なのだ。
しゅんやおへそをや！なのだ。

犬な笑う！

ネコだって笑うぜ！

んじゃしまりすも笑おうぜっ！
うう キュートだぜっ!!

アザラシの赤ちゃんも おっぱいで育つ

ときどきニュース番組で、ネコの仔にちちをやる犬の母とか、ネズミの仔にちちをやるネコの母とか、そういったたぐいの「もらいちち物語」を目にする。なんともほのぼのしたいい話だ。
ただごくまれに、「仔犬にちちをやる人間のお母さん」なんてのが出てくる時がある。これは、「ちょっとなー」と思う。でも、何が「ちょっとなー」なのだろう。自分では毎日牛のちちを飲んでるくせに。

もしも自分のちちをほしがる他の生き物がいたとして、私はためらわずに与えることができるだろうか。いや、できない。逆に、だれかのちちをもらって飲むことだってかなりのものだ。たとえ血を分けた妹のちちでも、ひとくち飲んでみる気にはどうしてもなれない。「牧場のやぎのしぼりたて」なんていうのなら、ペーターの気分で直接ちくびをつかんで飲んでみたい気もする私なのに。

ちちというのは要するに体液のひとつだ。血とか汗とかそういったものと同じことだ。ちちを吸うということは、言い替えれば母親の体液を吸っているということだ。これがちちだから何とも思わないが、汗なんかだととても気持ち悪い。
（ちなみに乳腺から汗腺の変化したものだそうだ）
血なんかだったらいきなりホラーになってしまう。
アン・ライス（ルイスじゃないのよ、インタビュー・ウイズ・バンパイアの原作者）
ファンの私としては、そのうえにゴージャスで美しく暗〜いイメージまでついてくる。
まあ、実在しない吸血鬼はともかくとしても、吸血コウモリとかヒルとか蚊とか血を吸うことをなりわいとして生きる生き物に、明るいイメージはしっくりしない。やはり大切な体液を他の生物に取られるのはできれば避けたいから、血など吸われようものならだれだって嫌だし、そんなことしようとする相手には猛然と対するに決まっているのだ。

つン子さんは おっぱいをさすると
さあ どうぞ！と 横になる

吸血鬼には杭を打っちゃうし、蚊なんかパチンだ。それが吸われるのがちちとなると話はまったく変わってくるからちちはえらい！

ブタさんは前足とうしろ足の間にずらりと並んだ10このおっぱいを持っている。一度に生まれる仔の数の多いブタさんのような生き物は、たくさんの仔が全員そろっておっぱいにくらいつけるように、当然おっぱいの数が多いのだ。そして、そういったたくさんのおっぱいは、実にうまい具合に、横になった時、おっぱいが重なってしまわないよう、たがいちがいに並んでいるのだ。

そんなブタさんのおっぱいをそっとさすってみる。仔ブタの体がふれるように、そっと「ちちを吸わせて」とやさしくさするのだ。するとブタさんはその場にいきなりゴロリと横になって、「さあどうぞ」とおっぱいを出してくれる。本気で私にちちを吸わしてやろうとしてくれるのだ。

私はまだちちのでるおっぱいを持ったことはないが、ひょっとしてそうなってみたら、ちちをほしがる犬やネコの仔に吸わせてやろうと思うのかもしれない。

さすった私に おっぱいを吸わせてくれる気なのだ。なんてやさしいお母さん！

一度に生む仔の数が少ない生き物はおっぱいも少ない。人間、パンダ、クマ等。
人間は体の上のほうにおっぱいがある。おさるも。
手を使うから、と思ったけれど、同じように手を使うネズミやリスは下のほうだ。
上におっぱいがあるのは、だっこするからだろうか。

ちちといえば、以前、酪農の農家におじゃましたときのこと、そこはイングランド南東部の農家で、古い教会を改築したというその家は、よくインテリア雑誌などに登場する。
そこで私は朝早く起き出して、牛のちちしぼりを見せてもらった。

残念ながら出産には立ち合えなかったが、生まれたてほやほやの仔牛も見せてもらった。差し出した私の手をおっぱいと思ってしゃぶりつく。ぢゅぱぢゅぱ音を立てて吸う。だまってるとひじまでくわえるんじゃないかとこわくなる。もう、めちゃくちゃかわいいのだ。そのめちゃくちゃかわいいがそこには束になっていた。毎日毎日牛は生まれてくる。すごい。牛ってこんなにたくさん生まれるのか！とおどろいたら、逆におどろかれてしまった。
「あたりまえだよ。おちち出すんだから」

あーっ、そうだったか！！

牛は放っておいてものべっちちを出すものと勝手に思い込んでいたがそんなわけはなかったのだ。ちちが出るっていうことはイコール赤ちゃんの母であるということなのだ。ということは、私たちは毎日牛の赤ちゃんのためのちちをよこどりしているのか？！

一瞬私の頭の中には、ちちを取られてしまって餓えている仔牛の姿がうかんできて、なんだかうしろめたい気分になる。だが、私はここでもまだ、さらにきびしい現実に考えがおよんではいなかった。餓えている仔牛はいないのだ。生まれた仔牛の約半分は次にちちを出す牛として育てられるが、そうでない仔牛、オスの仔牛はすぐにも売られて行くのだから。売られていなくなった仔牛が飲むはずだったちちを、私たちがいただくのだ。

なんて悲しい現実。
今、目の前にいるゆげの立っている
かわいい仔牛たちも売られて
行くのか・・・。

頭の中で、久しく忘れていた曲が突然ぐるぐると
まわりだす。のんびりゆっくり自然と動物を相
手に楽しく暮す明るい農家のイメージは、
その曲とともにイメージが変る。
ドナドナドーナードーナー

私たちは、自然のなりゆきからは遠くかけはなれた身勝手な食物
連鎖の頂点に立っている。そして、その連なり方があまりに複雑
でややこしくなっているものだから、自分が「取って食うもの」だ
という自覚はとてもとぼしい。でも、実際、そこには必ず食われて
しまうものが存在していて、それらは自らの命を私たち食うものに
与えているのだ。たったひとつの命を。
そして食うものはそういった数多くの命を自分の命にとり込んで生
きさせてもらっているのだ。

　　　　　　　　　　　スーパーの棚に並んでいる牛乳パックからは、そんな事
はとても想像できるものではない。
　　　　　　牛乳はいつも清潔な四角い紙のパックに入って、冷蔵庫
で冷えているだけのものだと思い込んでいた自分が、とてもなさけなくなった。

私の目の前で牛乳は、血管の浮き出てはち切れそうにふくらんだ大きなおっぱいか
ら、熱くいきおいよくほとばしっていた。さく乳器のカシャカシャという音を聞きな
がら、もっと感謝しなくてはと思った。

太陽が顔を出しはじめた頃、しぼった牛乳を集めるトラックが牧場の道をいつもの
ようにゴトゴトやって来る。

ちょっと涙が出た。

NIYANKO

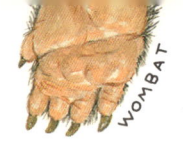

WOMBAT

HEDGEHOG

　図鑑に出て来るような姿で立ちポーズを決めてしまうと、絶対に見えないのが足のうらだ。ところが、本当は足のうらというのは、一番重要なのだ。なぜって、どんな所に住んでいるにせよ、その環境に直接ふれているのはここだからよ。草多いサバンナに住む生き物と、砂漠に住む生き物の足のうらが同じはずはないのである。

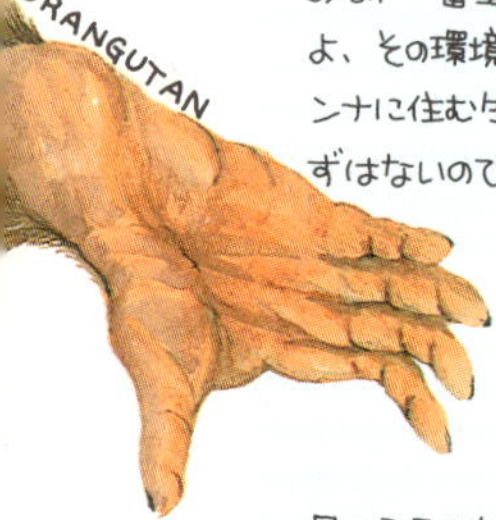

ORANGUTAN

　「2コブラクダと1コブラクダの足のうらはちがうのだろうか」という疑問がわいてきた。
　もしかしたら、コブの数がちがうくらいだから、足のうらもちがうかもしれない。調べてみよう！もし、ちがっていたらすごいことだ。だって足のうらを見ただけで、1コブか2コブかわかってしまうなんて!! と興奮していたら、編集の横田さんがとてもするどい指摘をしてくれた。

DEER

　「あのー、コブ見る方が早いんじゃないですか？」

そうか！気がつかなかった!!!

KOALA

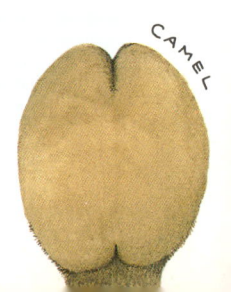

CAMEL

ヘチマくん

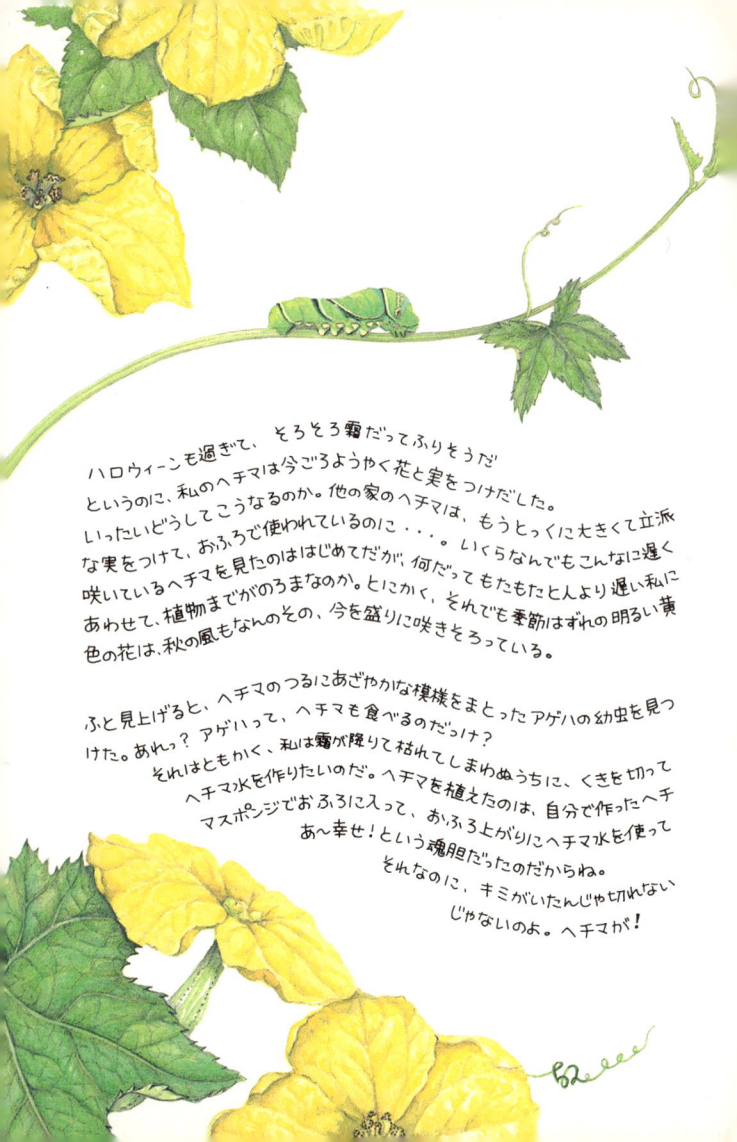

ハロウィーンも過ぎて、そろそろ霜だってふりそうだ
というのに、私のヘチマは今ごろようやく花と実をつけだした。
いったいどうしてこうなるのか。他の家のヘチマは、もうとっくに大きくて立派
な実をつけて、おふろで使われているのに・・・。いくらなんでもこんなに遅く
咲いているヘチマを見たのははじめてだが、何だってもたもたと人より遅い私に
あわせて、植物までがのろまなのか。とにかく、それでも季節はずれの明るい黄
色の花は、秋の風もなんのその、今を盛りに咲きそろっている。

ふと見上げると、ヘチマのつるにあざやかな模様をまとったアゲハの幼虫を見つ
けた。あれっ？アゲハって、ヘチマも食べるのだっけ？
　それはともかく、私は霜が降りて枯れてしまわぬうちに、くきを切って
ヘチマ水を作りたいのだ。ヘチマを植えたのは、自分で作ったヘチ
マスポンジでおふろに入って、おふろ上がりにヘチマ水を使って
　　　あ〜幸せ！という魂胆だったのだからね。
　　　　それなのに、キミがいたんじゃ切れない
　　　　　　　じゃないのよ。ヘチマが！

しかし、よく考えれば冬はすぐそこ。どうがんばっても、今からこの実が大きくなって、ヘチマスポンジが作れるはずもないし、夏の日焼けで"いたんだ"おハダにさっぱりとヘチマ水というタイミングからもズレズレしなのだ。う〜ん、しかたないか、きっとキミだってもうそろそろ冬ごもりをするからおいしく葉っぱを食べなきゃならないだろうしね。
たっぷりおいしく葉っぱを食べていたら、キミがヘチマをおいしくいただだけど、こんな所でうろうろしていたら、キミがサナギになるまく前に、キミのほうが小鳥においしくいただかれてしまうのじゃないだろうか。んじゃしかたない。ヘチマ水はあきらめて、キミは私の虫カゴの中で安全に冬ごしをしたで葉っぱを育てておくから、キミは私の虫カゴの中で安全に冬ごしをしたまえよ。

なーんて私は虫カゴの中にヘチマくん (という名前にしてあげた) とおいしそうなヘチマの葉っぱをどっさりと入れ、日当りと風通しの良い東南の窓辺に置いてやった。もちろん窓からはヘチマが見える。あー、なんて私は気前の良い大家さんなのだ！

ところが翌日、ヘチマくんは知らぬ間に最後の皮をくしゃっとぬぎすて、小さいサナギになっていた。せっかくたくさん入れてあげたヘチマの葉っぱをひとくちも食べずにサナギになっちゃうなんて、なんてつくしがいのない店子なんでしょっ。

アゲハの幼虫は4回脱皮する。はじめの3回まごうは、糞の鳥のフンのような姿だが、4回目には緑色の終齢幼虫になる。その次に皮をぬぐと、いよいよサナギだ。

ヘチマくんがサナギになって二日目、裏庭のレモンの木が、すっかり丸ぼうずになっているのを発見した。犯人は数十匹のアゲハの幼虫。ヘチマくんの兄弟たちだ。まだ、まるで鳥のフンのように小さな若齢幼虫からヘチマくんと同じ大きさの終齢幼虫まで、大小さまざまなアゲハの幼虫がもりもりと小さなレモンの木の少ない葉っぱをたいらげている。木はすでにほとんどの葉っぱを食われてしまって、見るも無残なありさまだ。これでも来年、また葉が出て来るのか心配なほどだが食べられてしまったものはしかたない。こうなったらもう、好きなだけ食べてくださいな、どうぞご遠慮なく。

しかし、やっぱりヘチマくんはここで生まれて育って、たまたまヘチマの上で発見されたのだろうか。そう考えた方が理屈に合ってる。間違いない。ヘチマを食べるアゲハなんて聞いたことないものな。ただ、それならそれで、どうやってヘチマくんはこのレモンの木から10メートル以上離れたヘチマの上になどついたのだろうか。もしかして、エッチラオッチラと歩いてきたのか？？

さらに二週間ほど、私はしばしばレモンの木を見に行った。ヘチマくんの兄弟はおいしくレモンの葉を食べ続け、みんな大きくなっていく。が、ふとあることに気がついた。日に日に数が減っていくのだ。鳥に食べられたのか？いや、それにしては小さいのは残っているのに、大きいのがいないのだ。それに、あってもいいはずのサナギがひとつもみあたらない。

← ナゾがナゾを呼ぶ
ヘチマくんはそれでもひとりしずかである

← なぞ捨てた皮

54

これはどうしたことだろう。サナギになって動けなくなると、鳥につかまってしまうのか？ いやいや、彼らの動きはサナギになる前だって、鳥にしてみれば止まっているも同然。食べられるのならみんな全滅してしまうはず。それではサナギはどこにあるのだろう。

ここからは私の推理だが、大きくなった幼虫は旅に出たのではないだろうか。枯れぼうずとなったレモンの木は、もはや彼らにはいかにも心もとないし、春が来て、チョウを隠すのには、枝ばかりのレモンの木ではごちそうではないのだ。それよりも、より暖かく、より安全に身を隠せる所を探して、エッチラオッチラと歩いて旅に出るのじゃないだろうか。ヘチマくんのしたように。その後、いつの間にかレモンの木には幼虫が

推理が正しいかどうかわからないが、一匹も見えなくなった。もちろんサナギもみあたらない。私はおそまきながらヘチマを切ってヘチマ水を採った。

とらとサナギをみつけた！
レモンの木ではなく
南むきの家のカベとの間だ
冷サナギはみんな茶色だったけど
食うサナギは旅色のままで
あるのに

↓ アゲハの幼虫が好きなのは
こういう おしりにもうひとつ
小さな葉のついている茶の葉
レモンの他にも、さんしょやからたちも
大好物

それからヘチマくんは私の虫カゴの中で眠りながら冬を過ごした。
じっとしている。
あたりまえなのだが、こうもじっとされると
少々不安になる。
まるで死んでるようだ。次々と色んな事が思い
うかぶ。家の中じゃ暖かすぎないだろう
かとか、外のように時々雨が当らなく
ていいのだろうか、とか。
しかし、ヘチマくんは
そんな私の心配をよそに
あくまでじーっと
冬をやり過ごす
かまえだ。

ミントにつかまって羽をやかめているヘチマくん。ガラスびんやプラスチックの虫カゴでも羽化はさせる事は出来るだろう。羽に風が当たらないように。羽化にせまる時は羽が出たらすぐ虫カゴから出してやろう。羽がくしゃくしゃのまま失われて、飛べなくなってしまうので要注意！

私は以前にも何度かチョウの羽化を
観察したことがある。
羽化寸前のサナギは突然ピクピクと動くものだ。そして、背中にうすく亀裂が入って、そこから毛むくじゃらの体が見えてくる。濡れた羽が出て来るまでには、それこそずいぶんとたっぷり時間がかかるが、小さな乾いたかたまりから、美しい花びらのような羽をつけ、文字どおり変身する様は、とても感動的だ。
私は冬の間じゅう、ヘチマくんの羽化を首を長くして待っていた。その時を見逃すまいと気合いも十分だった。それなのにヘチマくんはある朝早く私に内証で小さなサナギをぬぎ捨てていた。

ヘチマくんのぬけがら

まだ羽の濡れていたヘチマくんは、私の差し入れたミントの枝に止まって、数時間ずっと羽に風をあてていたが、十分に乾いたとみるや、ヒラヒラと部屋を通りぬけ、あっという間に南の窓から出て行った。なごりおしそうなそぶりも見せずに、最後まで薄情なヘチマくん・・・。
「なんだか、生きているんだか死んでいるんだか、ただじっとしていただけだったけど、いなくなっちゃうと寂しいものね」としみじみの母。
あー、だから私はこの人が好きだ。
私たちはやれやれと肩を落とした。

ところが事態は私たちの思ってもみなかった方向に展開した。
なんと、ヘチマくんはその後ずっと家のまわりから離れなかったのだ。
毎日庭をひらひらと飛びまわり花のみつをすうヘチマくん。うれしくてすっかり親バカとなった私たちは、プランターの花を増やしてやった。

チョウはいつもきまった道を通る
蝶道というものが
あるのだそうな

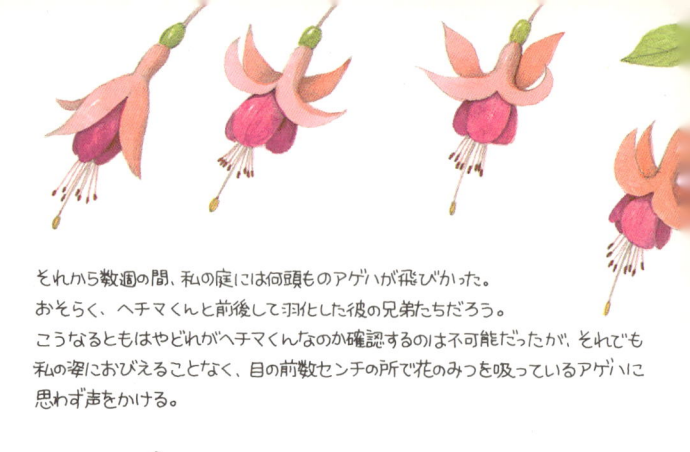

それから数週の間、私の庭には何頭ものアゲハが飛びかった。
おそらく、ヘチマくんと前後して羽化した彼の兄弟たちだろう。
こうなるともはやどれがヘチマくんなのか確認するのは不可能だったが、それでも
私の姿におびえることなく、目の前数センチの所で花のみつを吸っているアゲハに
思わず声をかける。

「おはようヘチマくん!」

ヘチマくんはゆっくり羽をしばたかせると、
飛んで来たもう一頭と
いちゃいちゃしながら
屋根の上に重なって飛んで行く。

それってお嫁さんなのヘチマくん?!

ヘチマくんのことをもっと知りたいと思って図鑑を見たら、ヘチマくんは春型のアゲハなんだ写真とは羽が少しちがう。
もしかして、アゲハじゃなかったかな？と思ったら、多型現象という。
そう。こういった季節で大きさや模様が異なることを

ヘチマくんが窓から飛び立って一ヶ月。
バッタリとヘチマくんたちは庭に見えないようになった。
もう、どこか高い空に飛んで行ってしまったのだろうか。
なんて彼らの持たされた時間は短いものか。そしてなんて美しかったのだろう。

遠く青い空に風がわたる。夏はもうすぐそこだ。
やっと青葉を取りもどした裏のレモンの木をながめる。
ヘチマくんの残した次の命が、小さい小さい丸いつぶとなって
葉っぱの裏に光っていた。

黄経345度

春になって、冬ごもりしていた生き物たちがいっせいに動き出す日のことを啓蟄(けいちつ)という。現在私たちの使っている太陽暦だとだいたい3月6日あたり。二十四節気のひとつで、太陽の黄経が345度の日となっている。

虫や小さな生き物たちが、こんな風に太陽の動きに支配されて生きているのだとすれば、地球に生まれて生きていく同じ生き物としての自分だって、地球や太陽や月や星にむすびついているのだと考えて、少しも不思議はないと思う。今日ちょっと気分がハイなのは、太陽が一年のうちで一番地球に近い日だからかもしれないし、ちょっと怒りっぽい日には金星が三日月形に欠けているのかもしれない。

人間を12に分けてあてはめるなんて、そんな大ざっぱな、と思っても、「でもひょっとして」と雑誌の星占いのページはつい気になるのだ。

「今週のあなたは恋のチャンス到来！イタリアンレストラン大吉！」
なんていうのが当るとかハズれるなんていうのは別として、「今週、冬生まれのあなたは午前中に30分ずつでもお日様に当るようにしないと、今年の冬は風邪をひきやすくなってしまいます」なんていうことは、きっとあるはずなのだ。いやまてよ、もしかしたら恋のチャンスだってあながち嘘とは言えないかもしれない。エルニーニョのせいか太陽黒点のせいだかで、今週特に

62

みずがめ座のあたりに生まれた人のおハダの調子が他の人より良くて美しく見えるのかもしれないし、それで「おっ！いつもよりきれいだな」と思われたついでに、たっぷりトマトを使うお料理でさらに血色も良くなってますます美しく見えるようになるから、イタリアンレストランに行くのが吉なのかもしれないではないか。
まあ、こんな風に考えるのはやり過ぎだとしても、確かにお日様のありかは地球の上の私たちみんなに影響しないはずはない。

何年も花の咲いてくれなかったブライダルベールは（口の悪い友人は、縁遠い私のせいだと言っていた）朝日の当る所に移したとたんに花をつけた。それまで、色々な肥料をやってみたし、良さそうな事は全部ためしてみてもダメだったのに、朝日が当ったという、ただそれだけで、小さな白い花はたわわに咲いたのだ。

同じような事は身のまわりでたくさん起きている。
アサガオの花は、昼の長さが変わることで花を咲かせるし、明るい光が不足すれば、セントポーリアは花をつけない。
ただ、こういった事は日常ではなかなか見えにくい。特に花が咲くなんていうあいまいな現象で、太陽との密接なつながりを実感するのはちょっとむずかしい。

が、私は長い間、毎年あるきまった日に、それを実感しつづけた。

ある夏、お祭の屋台で、金魚すくいならぬ
カメすくいをした。せんたくバサミで
はさんだ小さなモナカで、ミドリガメをすく
うというしろものだ。
そして手にいれたミドリガメ2匹を、
その後十年間ペットとして飼っていた。

彼らはしらす干しを主食としてTVの上に乗せたガラスの鉢で暮した。
無口ではあったがよく遊び、よく食べ、やがて冬になると水を涸らした鉢の中
で、台となっているTVの音など全く意に介する様子もなく、静かに眠って春
を待った。

そして太陽が黄経345度に近づいたある日。それはたぶん、彼らがもし自然
の中にいたとして、その約束の日ぴったりに地上に出るために穴を掘る時間や、
体を自由に動かすのに必要なウォーミングアップにかかる時間を含んだ暦との
差なのだろうか、啓蟄を前にすること三日、ぼんぼりに桃の花びらがひらひら
と落ちる三月三日の午後に、硬くとざしていたまぶたを開け、春一番の背のび
とあくびをして、長かった冬の眠りをおしまいにするのだった。

たとえその冬が暖冬であれ厳冬であれ、はたまたうるう年であれ、
それはきっちりと三月三日なのだった。

すくったその日、カメの口の上に ちょこんとおつぶの
ようなものがついていた。
これは **卵歯** という。たまごから出るときに
中からたまごを破るための突起。

Egg tooth

ある日、カメを遊ばせていてふと気がついた。最近元気のない方の影がうすい!!

どよーん
最近動きがにぶい
うすい

いつも活発動作も早い
こい

おおっ、影がうすくなるってこういうことか!! こりゃもしかして死期がせまってるのかあ!!と心配したが、横から見てそうでないことが判明。こいつ太り過ぎていたのだ。地面からの距離があり過ぎて、影がうすくなっていたのだ。

こうらがそり返ってる
なかもふくらんでほとんど地面にがない。
から歩けない

まったくもオーっ

食いすぎだよ食いすぎっ!

なさけないことにこいつはもはや自分の体をこうらの中にしまえない。おしりを押すと頭が出るし、頭を押し込むとおしりがはみ出る。

ああっ!やめてっ
みりみりっ

ううう

こういうやつはエアロビさせてやるーどうだ!裏がえしだーっ!!
ぶりぶりっ

ばた じた
ひえ〜
おたすけ〜

Menu

Shirasuboshi　Katsuobushi　Gohantubu

はじめのうち、えさは生き餌（イトミミズ）だった。だが、カメの口からはみ出たイトミミズというのは、どうもビジュアル的にいただけなかったので、すぐに乾き物に替えた。だが、この金魚の餌の大きくなったようなものも、すぐに水にふやけ、鉢を汚すばかりだったし、本亀たちも喜んでいない様子なので、人間食にしてみた。ご飯、おかか、煮干し、しらす干し等である。なぜそうしたかというと、以前、親戚で飼っていた大きなカメが、おにぎりを食べていたのを思い出してのことである。

やってみたら、うちのカメたちはこの人間食をとてもよろこんだ。特にしらす干しは大好物で、そのうち主食になってしまった。どのくらい好きかというと、鉢の水の中に入れてもらうのが待てないほど好きだったのだ。カメたちは先を争って大慌てでしらす干しを食べに来る。手から直接食べるようになるまでに、さして時間はかからなかった。

鉢をコンコンとたたいて「ごはんだよー」と合図をすると、彼らはうれしそうにこちら側に走ってくる。指でつまんだしらす干しやご飯粒をパクパクとおいしそうに食べる。

あーん　　　　　　　　　　　　　　　　　ごはんだよー、

Hoshi-Ebi　　*Kame-no-Esa*　　*Spaghetti*

ときどき、ご飯粒のかわりにスパゲッティやうどんも食べさせた。ゆらゆら揺れるうどんをつかまえようと、頭をぐるぐる回しながら、パン食い競争さながらに必死になって食べようとする。

無表情と思っていたカメが、こんなにも表情豊かに動き回るのを見て、私自身、とても驚いたが、他人に「うちのカメは呼ぶと来る」だの「おいしいとうれしそうにする」だの言うと、「そんなはずはない」と大概言われてしまう。カメなんかにそんなことできるわけないと。
私はペットに限らず、思い入れの激しいほうなので、このカメのことにしてもそのように見えてしまっているだけなのかもしれないが、でもやっぱり、カメは呼ばれたらちゃんと来るのだ。うちのカメばかりでなく、旅行で訪れた銀閣寺のカメも、呼んだら来た。それに、"うれしい"を表現することだってできる。

うちのカメの"うれしい！"は、大急ぎで走ってくることや、もっと食べたい！！ とじたばたすることで見てとれるが、いとこの家のカメは、入れられている水槽の水を取り替えてやると、それこそ大喜びで泳ぎ回る。
しかも裏返しで。

カメのおしり
おしりの穴がしっぽにあるのがオス　体にくっついてるのがメス

水の中で ときどき
おしりに アワが･･･
カメさんのおなら！？

カメのこうらをよく見ると年輪のようなものが見える。
これはカメの脱皮の跡。このこうらの一区切り(りん板という)単位で
大きくなっていくのだ。

カメはあんなにかたいこうらでもどんどん大きくなるのに、
私のグニャグニャの脳みそは
ちっとも成長しない
ううう・・・

ソフトコンタクトレンズの
ような古いこうらのぬけが
らがポロリと取れると
下には新しいこうらが
↑ぽろり

カメこそ
住むところで足の形が
全くちがう
ウミガメの足なんて
まるでヒレのようだ

↑リクガメの足

人間以外の生き物の人間的な感情の有無に関しては、人によって天と地ほどの差がある。ある著名な動物学者の方は、人間のみが悲しみを涙で表現できるとおっしゃっている。
よくあるウミガメの産卵シーンで見る母ガメの涙でさえも、陸に上がったことで、眼球が乾燥するのを防ぐための、単なる生理現象であると。また、喜びを顔を使って表現する笑いも人間特有なものであるという認識が一般的なようだ。

そういった立派な説に異論はない。確かに今分かっていることの中では、人間以外の生き物が、感情によって泣いたり笑ったりできようはずはないと、難しい生物学上や解剖学上の結論であるなら、それはやっぱり正しいのだろう。

だが、それでもおやつをもらい損ねたうちのちび犬が、大粒の涙をこぼしているのを見て「犬は感情によって涙を流すことはできない」などとはとうてい思えないし、裏返しで泳いでいるカメが、ただ単に水温の急激な変化に慌てているとも

おやつ（特に甘いもの）を食べていて、
ふとうちの犬を見ると、
こういう顔になっていることが
よくある。

→さっき愛でていたのがバレ
つらしいの日常の光景！

これを見てしまったら
「犬は感情で表情を作れない」なんて
とても思えない

思えない。その場にいて目のあたりにしてみれば、
やっぱりそれはおやつをもらい損ねて悲しいの涙だし、
お皿がきれいになって気持ち良くてうれしいの裏返り
泳法だと感じられるのだ。

人間と動物を隔てる境目はどこにあるのだろうか。
どこまでが動物で、どこからが人間なのか、そしてま
た、動物の中でも、どこからがより人間に近く、尊厳
を持って（人間のように）扱うのが当然なのか。

分かりやすい話では、私は決して犬は食べない。
もし、それがたとえおいしい中華料理になっていたと
しても。
でもペキンダックは好きだ。ビーフシチューも大好き
だし焼き豚も好きだ。

これは、私にとって、犬というものがあまりにも身近で、同情できる存在だから
に他ならない。
たとえ見ず知らずの犬だって
「そんな可愛そうなことできない」のだ。
私は私なりの経験や感覚で
犬と食肉用の家畜との間に
はっきりとした線を引いている。

チャウチャウの"チャウ"って
「食べられる」という意味
だという説があるらしい。
中国名はハイシェトー

名前はたいていピーコちゃん
でも90％はオンドリなの
ふかふかでかわいくて
思わず欲しくなっちゃう

　　　　　私が子供の頃、その同情の線引きで悩む子供たちは
大勢いた。大概はクリスマスの頃にその事件は起こる。

　　　　　夏の日、縁日で買ったひよこのピーコちゃんが、いつし
か親の思惑を超えて　（どうせすぐにも死んでしまうと
思っていたのに）立派に鶏に成長してしまい、（そのう
え実際飼ってみれば、これがかなりうるさくて近所迷惑
なのだ）どう処分しようか悩んでいるところにクリスマスがやってくる。
そして子供が学校に行っている間にピーコちゃんはさばかれ、
ご馳走になってしまっているのだ。
学校から帰ると思いがけないご馳走に喜ぶ子供。
そしてそのご馳走が"だれ"であるかを知ったときの驚きと悲しみ。

命がどんなものなのかを学ぶ、つらいけど貴重なレッスン。

あのころ、こんな話はざらにあったけれど、今はそんなことを聞くこ
ともめったになくなった。
子供の身近にある死はたまごっちくらいなものだ。
命がどんどんりアリティーを欠いて行く。

相手をよく知るということは愛情につながる。
理解することがさらにお互いを理解し、
同情を芽生えさせる源になる。

だがしかし、
ピーコちゃんがかわいい時は
あっという間に過ぎてしまう
もはやピーコちゃんでなくなった
ピーコちゃんが
毎朝大声で時を作る

たとえそれが小さな動物とでも、知り合うことで相手のことがだんだん理解できる
ようになるものだと私は思う。
近しい人と言葉を交さなくても思いが通じるように、毎日食べ物を与え、水を取り

替えているうちに、何を喜んでいるか、どんなことが嫌なことなのか、手に取るように分かってくる。そしていつか「大喜びで走ってきた」などと感じるのだ。たとえその相手がカメであっても。
さらにその挙句に、辛いことがあった日には、いつものようにはしゃぎ回るのをやめて、じっと側で ただ たたずむだけの姿を見て、「ああ、私のこと慰めてくれてるのだ」と思ったりする。
たとえその相手が 犬 であっても。だ。

こういったことを甘くくだらぬ幻想と思うのならそれも仕方のないことだ。
ただ、常識や理論のみで考えて、あるはずの無いこういった経験や思い込みをしたことや感じたことが全く無いと言い切れるとしたら、私はその人をお気の毒な方だと思う。
頭の中の脳細胞のどこかか、あるいは心臓なのか、どこにあるかは知らなくても、確かに存在しているハートと呼ばれているものは、きっとそういったことを感じ取るためにあるにちがいないのだ。

だれがなんて言おうと私は知っている。

引きつなをピーンと引っ張って先へ先へとお散歩している犬はみんな
うれしくってニコニコ笑っているのさ！

あとがき

「『私の動物図鑑』を文庫化するにあたり、あとがきはポピーでどうでしょう」

編集の横田さんにそう言われたとき、私はそれはいい、ちょうど1年だし、と思った。

でもいざ書こうとすると、これが全然駄目なのだ。書きたいことはとっても沢山、それこそ山のようにあるのだけれど、どうしていいのか分からない。次から次に出てくるのは言葉ではなく……。

『動物図鑑』を書いてから7年、私もいろいろ変わった。7年の間に結婚し、今は2人の男の子の母である。下の子はもうすぐ2歳。最近はやることなすことがポピーと同じ、まるきりそっくりだ。

犬と暮らすのは、本当に子育てと似ている。まず言葉が通じないこと。どんな理屈を言っても相手は言葉が分からない。説得では動いてくれないのだ。抱きしめてほめてやったり、恐い顔でおこったり、おいしいご褒美で釣ってみたり、ありとあらゆる手を使って、やって欲しいこと、欲しくないことを覚えてもらうしかない。それから自分の都合は二の次になること。生きているから待ったは効かない。ご飯は食べるし水は飲む。そしてうんちもおしっこもする。2、3日旅に出

るからちょっとお休み！　というわけにはいかない。自分がやらなければ誰かが面倒を見なければならない。

　相手は可愛い。でも可愛いだけでは済まされない大変な事もてんこ盛りなのだ。でも、そうした苦労は必ず大きく報われるところも同じだ。愛した分だけ、ちゃんと喜びを返してくれる。子育てと違うのはその後だ。子供はどんどん成長して、やがて自分の手を離れて巣立ってゆくが、犬とはずっとずっとこの関係が続く。犬と暮らすということは永遠に２歳のままの子供と暮らすのと同じなのだ。

　２歳児はとても可愛い。うちの２歳児は片言をしゃべり、人の言うことはだいたい理解することが出来る。行きたいところにトコトコ行き、よく食べ、眠り、わがままだがけなげなところもある。４歳の上の子が「かわいいね」と言うほど、いわゆる『可愛い盛り』という状態だ。私が子供を産む以前のポピーは、わが家の"２歳児可愛い盛り"の地位をずっと独り占めしていたわけである。そんな愛犬を失うのは、ペットショップで初めて会ったときから、ずっと覚悟のことだったにも拘わらず、大きな痛手だった。

　今、私は山に住んでいる。街より遅い春はようやく私の庭にもやって来て、梅の花がやっと満開になった。

　この梅の花の下にポピーを眠らせてちょうど１年。あの日３歳だった上の息子は小さな亡骸を見ても何が起きたのか理解できなかった。「もうポピーちゃんとは遊べなくなっちゃ

ったのよ」と言ったら、初めて大粒の涙をこぼして泣いていた。その後、時々夜空を見上げてはポピーを探す。ポピーはお星様になったと教えたからだ。「いつ帰ってくるのかなあ」「もう帰ってこないのよ」そう、もう帰ってこない。当たり前だ。でも、なぜこんなにも当たり前のことを納得するのが難しいのだろう。なんで涙が出るのだろう。

　泣いている私の傍らに、下の息子がそっと寄り添ってくる。訳は分からずとも、私の涙を慰めようと小さな体を寄せてくる仕草が、またポピーを思い出させる。ひざの上にのせ、そっと抱きしめた。

　ポピーは沢山の美しい、楽しい、大切な経験をプレゼントしてくれた。おかげで学んだことは数知れない。だから、私も家族もこの「別れ」という経験をもしっかりと受け止めて成長しなくてはならないのだろう。
　でも、言うほど容易くない。１年経って感じている。今はまだ。

　ポピーを愛して下さった読者の皆様、ありがとうございました。
　そして、小さな命の全てで、いろんなことを教えてくれたポピーに感謝を込めて。

　　　　　　　　　　２００５年３月　　　　津田直美

本書は『私のしあわせ図鑑　動物篇』（1998年12月　中央公論社刊）を改題したものです。

中公文庫

私の動物図鑑
わたしのどうぶつずかん

定価はカバーに表示してあります。

2005年5月25日 初版発行

著者 津田 直美
つだ なおみ

発行者 早川 準一

発行所 中央公論新社 〒104-8320 東京都中央区京橋2-8-7
TEL 03-3563-1431(販売部) 03-3563-3692(編集部)
©2005 Naomi TSUDA
Published by CHUOKORON-SHINSHA, INC.
URL http://www.chuko.co.jp/

本文印刷 大日本印刷 カバー印刷 三晃印刷 製本 大日本印刷
ISBN4-12-204525-8   C1176   Printed in Japan
乱丁本・落丁本は小社販売部宛お送り下さい。送料小社負担にてお取り替えいたします。

中央公論新社　津田直美の本

『小さい 犬の生活』

犬の食生活から人間の習性まで
家庭犬に必要な全てがわかる「犬の生活」

＋

文学、数学、芸術から考古学までを網羅
充実の犬生への手引き「犬の学問」

幸せな家庭犬生活を目指す貴犬に！

二冊の名著が一冊で楽しめる
小さな犬による犬のための絵本

犬の生活研究家
ポピー・N・キタイン 著

津田直美 画

『小さい 犬の日常』

人間の姉との出会いから日々の暮らしを
つれづれにつづる「犬の日常」

＋

私たち犬と人間との違いをつぶさに研究し
共存への道を探る「人の生活」

中央公論新社　津田直美の本

日曜日を豊かにする方法、お教えします！

ウィークデイはかけ足でも
せっかくの休日はのんびり贅沢にすごしたいもの

津田直美 作画

『小さい とっておきの日曜日』

シリーズ3冊　大好評発売中

Ⅰ　vol.1 室内履きやドールハウス、手作りのアイディア満載の表題作
　　vol.2 日曜日のための心の旅ガイド「ロンドンのしあわせ」

Ⅱ　vol.3 納豆菌から野菜まで、育てる楽しみ「にょきにょきの喜び」
　　vol.4 休日に挑戦したいおやつのレシピ集「おいしいねの時間」

Ⅲ　vol.5 チョコレートの甘～い魅力を味わいつくす「チョコレートの魔法」
　　vol.6 季節を楽しむ工夫がいっぱい「たとえばこんな昼下がり」

犬や猫とすごす 幸せな時間

あなたと犬が、もっと幸せになるために
獣医さんが教える犬の言葉

野矢雅彦 著　植木裕幸・福田豊文 写真
犬と話そう

犬の言葉に、耳をかたむけて
表情満載の写真集

植木裕幸・福田豊文 写真
Talk with Dogs
はなしかけて

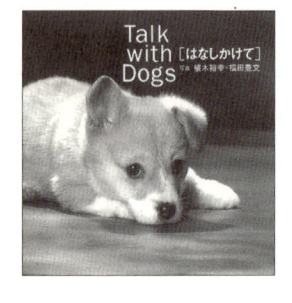

わがまま？ きまぐれ？ 甘えんぼ？
猫の心を獣医さんが教えます

野矢雅彦 著　植木裕幸・福田豊文 写真
猫のほんね